第一辑

纳唐科学问答系列

恐 龙

[法] 安娜-索菲·波曼 著

[法] 让-马里·普瓦瑟内 绘

杨晓梅 译

吉林科学技术出版社

Les dinosaures
ISBN：978-2-09-255180-6
Text: Anne-Sophie Baumann
Illustrations: Jean-Marie Poissenot

吉林省版权局著作合同登记号：
图字　07-2020-0047

图书在版编目（CIP）数据

恐龙 / (法) 安娜-索菲·波曼著 ; 杨晓梅译. -- 长春 : 吉林科学技术出版社, 2023.1
(纳唐科学问答系列)
ISBN 978-7-5578-9569-3

Ⅰ. ①恐… Ⅱ. ①安… ②杨… Ⅲ. ①恐龙—儿童读物 Ⅳ. ①Q915.864-49

中国版本图书馆CIP数据核字(2022)第166382号

纳唐科学问答系列　恐龙
NATANG KEXUE WENDA XILIE　KONGLONG

著　　者　[法]安娜-索菲・波曼
绘　　者　[法]让-马里・普瓦瑟内
译　　者　杨晓梅
出 版 人　宛　霞
责任编辑　郭　廓
封面设计　长春美印图文设计有限公司
制　　版　长春美印图文设计有限公司
幅面尺寸　226 mm×240 mm
开　　本　16
印　　张　2
页　　数　32
字　　数　30千字
印　　数　1-7 000册
版　　次　2023年1月第1版
印　　次　2023年1月第1次印刷

出　　版　吉林科学技术出版社
发　　行　吉林科学技术出版社
地　　址　长春市福祉大路5788号
邮　　编　130118
发行部电话/传真　0431-81629529　81629530　81629531
81629532　81629533　81629534
储运部电话　0431-86059116
编辑部电话　0431-81629520
印　　刷　吉广控股有限公司

书　　号　ISBN 978-7-5578-9569-3
定　　价　35.00元

目录

最早的恐龙

大约2.4亿年前，在一个被称为“三叠纪”的时代，地球上遍布着一类靠后肢站立的奇怪蜥蜴——它们就是最早的恐龙！

当时地球上只有恐龙这一种动物吗？

不！还有其他爬行类，例如鳄鱼。此外，那时的地球上已经有了鱼、蜻蜓、蜘蛛……

恐龙真的存在过吗？

真的存在过！目前，人类已经找到了许多恐龙化石。

皮萨诺龙

那时的地球是什么样子的？

地上没有草，但随处可见蕨类与苔藓。

那时的地球上到处都有恐龙吗？

没错！不过那时的地球上只有一块陆地——泛大陆。它的周围都是海洋。

恐龙存在了很久吗？

是的，它们在地球上生存了1.6亿年，跨越了三叠纪、侏罗纪、白垩纪三个时代。

地球上的巨兽

距今1.5亿年前的侏罗纪时期，有些恐龙的个头变得越来越大。不同种类的恐龙体形天差地别，绝对让你大吃一惊！

剑龙背上的骨板有什么作用？

作用很多，比如可以吸收更多阳光的温度、用鲜艳的色彩吸引雌性……不过无法用于自卫，因为这些骨板实在太脆弱了。

恐龙吃什么？

大部分以植物为食，是植食性恐龙。另外一些是肉食性，吃蜥蜴、甲虫，以及其他恐龙！

恐龙的本性是善良还是邪恶呢？
既不善良，也不邪恶。与所有动物一样，它们为了生存而攻击或防卫。
美颌龙
恐龙是什么颜色？
目前，科学家们还未有结论。人类只知道恐龙有鳞片、甲片或羽毛，但并不知道它们的颜色。
在图中找一找！
脚印
腕龙
恐龙的粪便

长脖子的梁龙

梁龙是平原上的帝王。它们每天要花费很多时间进食，这样才能填满硕大的胃！

它们有多大？

梁龙的高度约为6米，相当于一栋3层的楼房！它们的体长相当于2辆公交车。

它们有多重？

相当于2头大象。不过在恐龙里，这不算重！

它们的脖子为什么那么长？

柔软又有力量的脖子让梁龙可以吃到不同高度的植物。无论是树顶的叶子，还是地上的灌木，它们都能轻而易举地吃进肚子里！

为什么它的尾巴那么长？

为了保持平衡。有时，梁龙还会用这条鞭子般的大尾巴驱赶讨厌的对手。

越来越多的恐龙

有些恐龙独来独往，有些组成小群体，还有些则喜欢以大群体的形式生活。

恐龙会叫吗？

会，当然会。科学家们认为副栉龙会把空气吸进头上空心的冠饰中，发出与大象类似的叫声。

它们有耳朵吗？

有，是两个小小的洞，位于脑袋两侧。多亏了这双耳朵，让恐龙的听力特别敏锐！

它们聪明吗？

相较于身体，大脑越大，则越聪明。大脑袋的伤齿龙也许是很聪明的恐龙！

小型肉食性恐龙
也很凶猛吗？
没错，它们通常集体行动，一起捕猎，比如伤齿龙。
伤齿龙
它们跑得快吗？
有些跑得跟鸵鸟一样快，例如伤齿龙。体形大的恐龙行动起来则比较迟缓。
在图中找一找！
蜜蜂
千足虫
幼年副栉龙

食肉巨兽霸王龙

它的脚步让整个山谷瑟瑟发抖……快逃啊，霸王龙来了！

它的牙齿很大吗？

很大！和这页书一样长，锋利得好像匕首，可以轻松咬碎猎物的骨头。

它的“迷你”上肢有什么作用？

这对上肢虽然不能把食物喂进嘴里，但可以紧紧抓住猎物，也可以帮助霸王龙在卧倒时重新站立起来。

它是独自捕猎还是集体行动？

通常是独自捕猎。霸王龙庞大的身躯与尖利的牙齿就足够吓坏对手了。

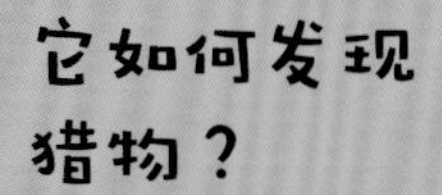

它如何发现猎物？

霸王龙的嗅觉与视觉都很强，可以敏锐地发现远处的猎物。

它吃什么？

其他恐龙！霸王龙主要攻击恐龙中的弱者：年幼的、年老的、生病的……有时它还会抢夺其他恐龙猎杀的猎物。

驰龙

在图中找一找！

花

驰龙

一种飞行的爬行动物

戴着头盔的三角龙

两只雄性三角龙正在为了争夺雌性而打架。它们累得气喘吁吁，长着角的大脑袋左摇右摆……谁能不害怕这种长着三只角的怪兽呢？

它们性情凶猛吗？

三角龙不可貌相。这是一种天性安静的植食性恐龙。它们把大部分时间用来吃草。不过遭遇攻击时，它们也懂得如何反击！

头上的三只角有什么作用？

对抗肉食性恐龙的进攻，与其他雄性同类打架……

它们有哪些敌人？
肉食性恐龙，比如体形巨大的霸王龙，还有小型的恐爪龙。
恐爪龙
为什么它们有一个大“项圈”？
颈盾的作用如同盾牌，可以保护脖子与肩膀。另外，它也是雄性三角龙吸引雌性的招牌武器！
在图中找一找！
恐爪龙
脚印
蜥蜴

从小宝宝变成大块头

有些恐龙喜欢集体行动，把蛋产在同一个地方，比如慈母龙。数量众多的慈母龙宝宝几乎同时被孵化出来，将那里变成了“恐龙幼儿园”！

恐龙妈妈一次生几个蛋？

科学家们发现过二三十个蛋一窝的化石，有些种类的恐龙一次甚至能产下更多数量的蛋。

恐龙蛋很大吗？

不一定。有些恐龙的蛋大小像鹌鹑蛋，有些像鸵鸟蛋。

恐龙会照顾后代吗？

不一定。有些恐龙会喂养后代，比如慈母龙，有些生完蛋后就什么也不管了！

恐龙宝宝吃什么？

植食性恐龙吃蕨类、灌木嫩芽等；肉食性恐龙则吃蜥蜴、昆虫等。

长羽毛的恐龙

世界上有长着羽毛的恐龙吗？当然有！许多化石都证明了这一点。今天地球上的鸟类就是某些恐龙的曾曾曾曾……孙！

它们的羽毛有什么作用？

作用很多，保暖、吸引雌性……对于某些恐龙来说，羽毛能帮助它们飞行！

偷蛋龙

它们以其他动物为食吗？

没错。它们主要吃蜥蜴、昆虫，有些还会吃其他小型恐龙！

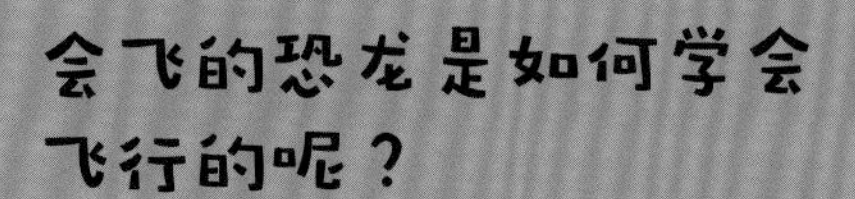

会飞的恐龙是如何学会飞行的呢？

在树枝间跳跃、滑翔，在地上挥动翅膀追赶猎物……就这样，它们一点点地进化成了鸟类。

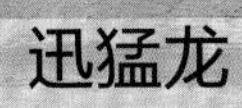

它们有牙齿吗？

有些有，因为它们需要用牙齿撕扯猎物，比如迅猛龙！

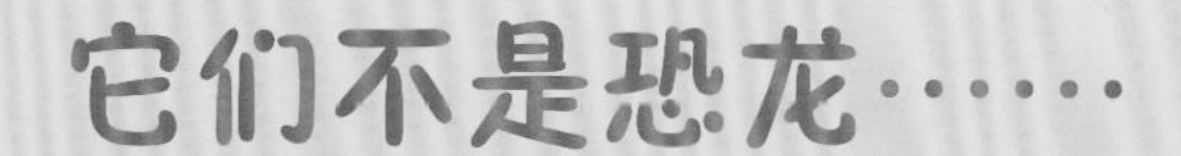

它们不是恐龙……

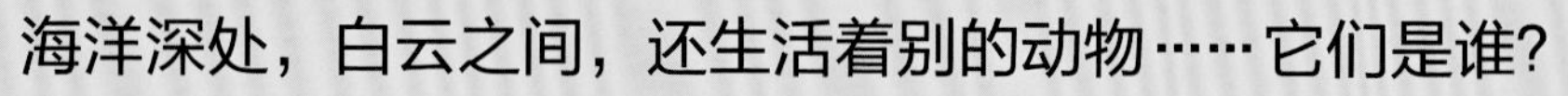

海洋深处，白云之间，还生活着别的动物……它们是谁？

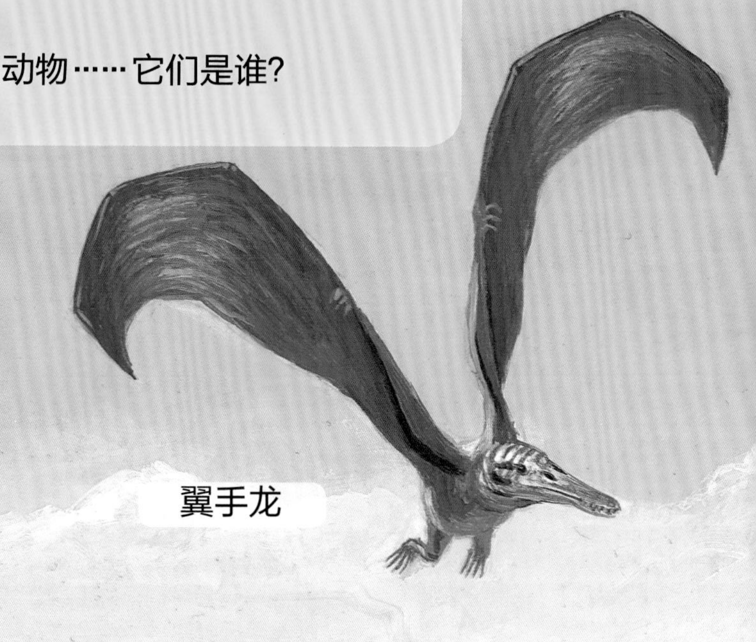

天上飞的是什么？

是以翼手龙为代表的翼龙。它们是会飞的爬行动物，是恐龙的近亲。与蝙蝠一样，它们之所以能够飞行，全靠前臂与后肢之间展开后绷紧的皮肤。

这些海生爬行动物吃什么？

鱼类、其他海生爬行类。有时，它们还会捕杀来到岸边的恐龙。

翼龙很大吗？

有大有小！绝大部分跟乌鸦差不多，不过有些个头比得上一架小型飞机……

翼龙吃什么？

以鱼为主，也吃昆虫。

海洋里生活着什么动物？

甲壳类，还有许多爬行类，比如凶猛的滑齿龙与蛇颈龙。

恐龙灭绝了……

6500万年前，所有恐龙从地球上灭绝了……当时到底发生了什么？

为什么恐龙灭绝了？

其中一种原因是一颗巨大的陨石穿越大气层撞击了地球，造成的巨大灰尘遮住了太阳。在饥饿与寒冷中，恐龙灭绝了。

火山爆发杀死了恐龙？

有些人认为在陨石撞击的同时，一座巨型火山喷发。这改变了地球上的气候，导致了恐龙的灭绝。

为什么有些动物幸存了下来？

可能因为它们的体形较小，需要的食物更少，还可以躲入地下、岩石下或树洞中避难。

恐龙留下的踪迹

这些脚印来自什么动物？在发现恐龙之前的漫长时间里，人类一直将这些脚印的主人想象成巨人或龙……

寻找恐龙踪迹的是什么人？

古生物学家。他们以团队的形式工作，找到化石后再对它们进行修复与重建。

我们已经找到许多恐龙化石了吗？

没错，有时只是部分骨头，有时是完整的骨架。不过，除了恐龙以外，还有成千上万种灭绝的物种等待着人类去发现！

这些脚印可以告诉我们什么信息？

脚印的形状说明了路过这里的是哪种恐龙，笨重还是灵巧，迟缓还是迅猛，独自活动还是集体出现……

恐龙是如何变成化石的？

当恐龙死在沼泽或沙尘暴中时，土会将它的身体逐渐覆盖，将恐龙的骨头变成石头。

人类发现了许多霸王龙的完整化石吗？

没有。到目前为止，科学家们只在美国发现了一具完整的霸王龙化石。不过，对霸王龙其他化石碎片的研究大大丰富了我们对它的认识。

恐龙拉的“便便”很大吗？

很大。有些便便的大小跟一台电脑差不多！不过很难判断这些“便便”来自哪种恐龙。

哪种恐龙跑得最快？

科学家们认为是似鸡龙——这是一种生活在白垩纪的肉食性恐龙，后腿很长，跑起来的速度可达70千米/时。

哪种恐龙的爪子最长？

镰刀龙。它巨大的爪子像一把把剑！这些爪子可以用来切碎树枝或打开蚁穴寻找昆虫。

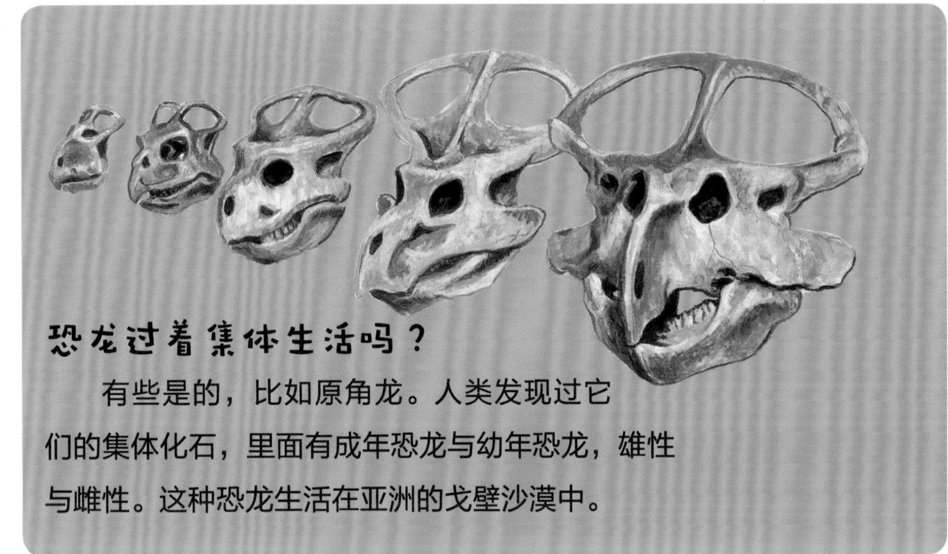

恐龙过着集体生活吗？

有些是的，比如原角龙。人类发现过它们的集体化石，里面有成年恐龙与幼年恐龙，雄性与雌性。这种恐龙生活在亚洲的戈壁沙漠中。

个头最大的恐龙是什么？

最大最重的是阿根廷龙，长度相当于3辆公交车，重量相当于20头大象！

恐龙出现前还有过什么动物？

海藻、贝壳类以及生活在海洋或陆地上的爬行类。另外，那时地球上已经有了许多昆虫。

人类和恐龙曾经共同生活过吗？

没有，人类的出现要晚很多。大约2000万年前，当哺乳动物成为地球上很重要的物种后，人类才出现。

恐龙这个词到底是什么意思？

它的意思是“恐怖的蜥蜴”。19世纪，英国著名的古生物学家理查德·欧文创造了这个名字。

所有恐龙体形都很巨大吗？

不是。不同种类的恐龙体形也不同，有些很大，有些很小。比如美颌龙，它的个头和鸡差不多。

腕龙

美颌龙

恐龙如何自我防卫？

它们厚厚的皮肤外覆盖着鳞片，脚上长着爪。有些还有角或尖刺，在战斗中能发挥很大的作用。有些种类的奔跑速度很快，是“逃跑冠军”。

钉状龙

甲龙

还有其他的长颈恐龙吗？

很多，比如马门溪龙，还有前肢比后肢长的腕龙。到了更晚的白垩纪，地球上出现了背上有骨板的萨尔塔龙。

梁龙吃什么？

它们的牙齿如同耙子，可以把树枝上的叶子“刮”下来，直接吞进肚子里。

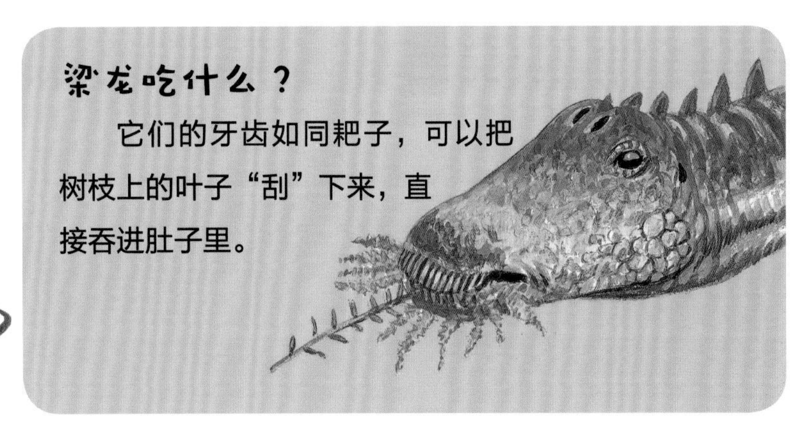

什么是鸭嘴龙类恐龙？

这一类恐龙的嘴巴形似鸭嘴，扁平又坚硬，善于切断植物。位于嘴巴深处的牙齿可以用来磨碎食物。不过，它们跟鸭子一点儿关系也没有！

小型肉食性恐龙的种类多吗？

很多！它们敏捷又迅速，爪子很锋利，是非常可怕的猎手，比如恐爪龙、偷蛋龙。

它有天敌吗？

有，就是其他霸王龙！还有一些恐龙擅长用尾巴、角或头来撞击，可能对霸王龙造成伤害。另外，年幼的霸王龙也很容易沦为其他恐龙的盘中餐。

其他恐龙可以逃过霸王龙的捕杀吗？

可以！科学家们曾发现一头驰龙的化石身上有霸王龙留下的巨大咬痕，不过还是幸存了下来！

还有其他头盾恐龙吗？

很多，比如个头和猪差不多的原角龙，还有戟龙。

原角龙

戟龙

还有其他恐龙在打架时会头撞头吗？

有！肿头龙的头特别厚。雄性打架时会用脑袋相互推挤。

肿头龙

恐龙宝宝有天敌吗？

有很多！肉食性恐龙很喜欢攻击毫无防卫能力的它们。不过有时，爸爸妈妈会保护小恐龙。

恐龙宝宝成长的速度很快吗？

非常快！霸王龙刚出生时和一只小羊差不多。等到12岁，它就能长到大约10米高。再后来生长的速度又会慢下来。

恐龙时代有真正的鸟类存在吗？

有。在中国，我们发现了白垩纪时期的鸟类化石。那时的鸟类已经会飞了，可能以昆虫为食，跟今天的鸟类一模一样！

鸟类的祖先是谁？

是始祖鸟，毋庸置疑！这是一种生活在侏罗纪时期的有羽毛恐龙。它的个头跟乌鸦差不多，前肢与尾巴上都有羽毛。

飞行爬行动物存在了很久吗？

没错，它们和恐龙一起出现于三叠纪时期。最初的飞行爬行类有着长长的尾巴，后来尾巴进化得越来越小。有些飞行爬行类头上有很长的冠饰。

翼龙会走路吗？

会，它们可以“四脚并用”地爬行！这是科学家们从痕迹化石中了解到的。

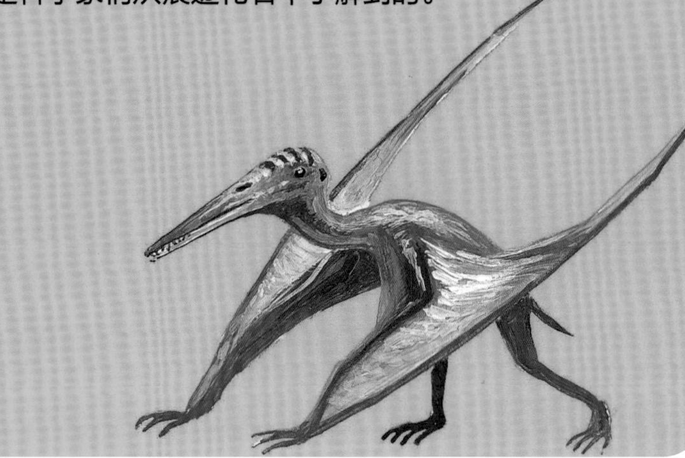

鳄鱼与蜥蜴是恐龙吗？

不是，它们虽然同是爬行类，但只是关系特别远的“表亲”。不过，人们常常以它们为原型来想象恐龙的样子。

恐龙的地位被哪种动物取代了？

当太阳重新现身，地球上的植物又开始繁茂地生长，哺乳动物成为了地球的新主人！